河南省地质灾害防治手册

河南省地质环境监测院　编

黄河水利出版社

图书在版编目（CIP）数据

河南省地质灾害防治手册/河南省地质环境监测院编. 郑州：黄河水利出版社，2008.7（2010.3 重印）

ISBN 978-7-80734-453-7

Ⅰ. 河… Ⅱ. 河… Ⅲ. 地质灾害-防治-河南省-手册 Ⅳ. P694-62

中国版本图书馆CIP数据核字（2008）第094811号

组稿编辑：雷元静　　电话：0371-66024764

出 版 社：黄河水利出版社

地址：河南省郑州市金水路11号　　邮政编码：450003

发行单位：黄河水利出版社

发行部电话：0371-66026940　　传真：0371-66022620

E-mail:hhslcbs@126.com

承印单位：河南省瑞光印务股份有限公司

开本:890 mm×1 240 mm 1/32

印张：2.5

字数：72千字　　印数:10 001-13 000

版次：2008年7月第1版　　印次:2010 年 3 月第 3 次印刷

定价：20.00元

《河南省地质灾害防治手册》编写人员名单

总 顾 问: 郭公民

技术顾问: 杨昌生　张荣军　梁世云

编写人员: 甄习春　宋云力　戚　赏

前言

地质灾害是危害人类安全的自然灾害之一。河南省地质构造较复杂，自然地质作用及人类工程经济活动较强烈，崩塌、滑坡、泥石流、地面塌陷、地裂缝及地面沉降等地质灾害较发育，具有分布范围广、规模小、数量多、损失大等特点，是我国地质灾害多发省份之一。根据初步统计，2001~2005年全省共发生突发性地质灾害612起，其中滑坡257起、崩塌162起、地面塌陷146起、泥石流44起，直接经济损失32 049.37万元，共造成38人伤亡（其中死亡29人），失踪11人。

大多数地质灾害的发生与人类不合理的工程活动有关。在农村，因为住宅选址不当，有的村民用含辛茹苦挣来的钱把房屋建到了不稳定的滑坡体上，建在了易发生崩塌的危岩脚下，或者依泥石流沟谷而建，暴雨来时，被地质灾害恶魔吞噬。因为缺乏地质常识，有些地方在原本危险的斜坡、沟谷中大兴土木，随意切坡开挖、改变河道、弃土堵沟、修建池塘，往往引发了地质灾害。因此，加强广大群众地质灾害知识宣传普及是今后减灾防灾的工作重点之一。

为了适应构建和谐社会和新农村建设的需要，让广大群众了解地质灾害及其防治的有关知识，河南省地质环境监测院组织编写了本手册，旨在以平实的科普语言和丰富的直观图示，为基层干部和群众开展地质灾害防治提供必要的通俗易懂的技术指导。

本书漫画图片及部分文字引用了孙文盛主编的《新农村建设中的地质安全保障》一书，在此表示真诚感谢！

编 者

2008年5月

目 录

第一章 地质灾害及其主要类型

1.1 主要地质灾害有哪些?

地质灾害是指因自然因素或者人为活动引发的危害人民生命和财产安全的山体崩塌、滑坡、泥石流、地面塌陷、地裂缝、地面沉降等与地质作用有关的灾害。

按成因不同,地质灾害可分为自然因素引发的地质灾害和人为活动引发的地质灾害两大类。按灾害持续时间长短,又可将地质灾害划分为渐变性地质灾害和突发性地质灾害两大类,前者如地面沉降、地裂缝等,后者如崩塌、滑坡、泥石流灾害等。突发性地质灾害发生突然,危害严重,常造成人员伤亡,是重点防治的地质灾害。

山体崩塌(河南省卢氏县)

土质崩塌(河南省洛宁县)

滑坡（连霍高速公路洛阳段）

基岩滑坡（河南省卢氏县）

泥石流（河南省卢氏县）

地面塌陷（河南省安阳县）

地裂缝（河南省郑州市）

地面沉降造成的井管突起

1.2 什么是滑坡?

滑坡是指斜坡上的土体或岩体,受降雨、河流冲刷、地下水活动、地震及人工切坡等因素的影响,在重力的作用下,沿着一定的软弱面或软弱带,整体地或分散地顺坡向下滑动的地质现象。许多山区的群众,把滑坡俗称为“地滑”、“走山”、“垮山”和“山剥皮”等。

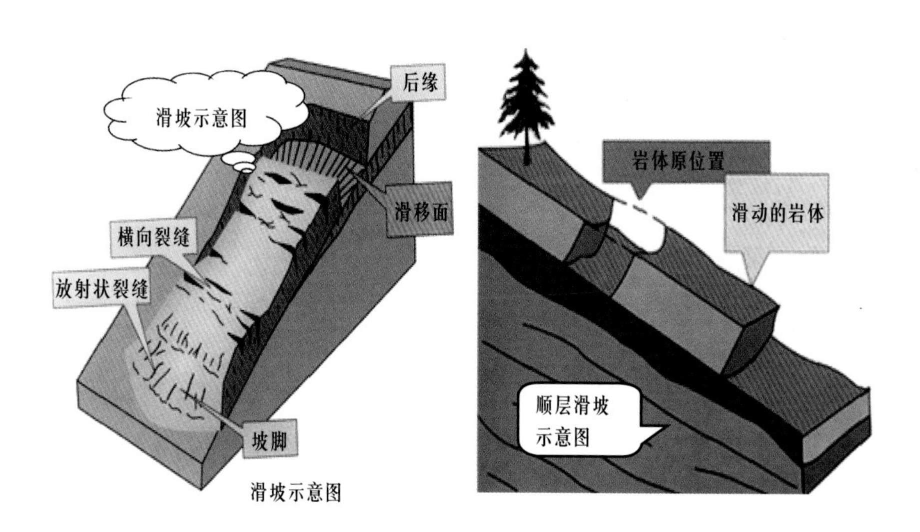

滑坡示意图

1.3 如何判定滑坡危险性?

滑坡临滑前具有许多前兆,通常表现为:

(1)山坡上有明显裂缝,裂缝在短时间内有不断加长、加宽、增多现象,特别是当山坡后缘出现贯通性弧形裂缝,并且明显下坐时,说明滑坡体即将发生整体滑动。

岩质滑坡示意图（滑坡体沿岩层面滑动）

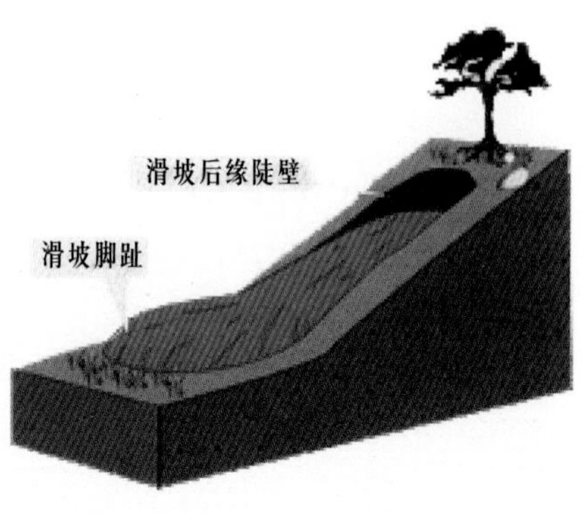

土质滑坡示意图

滑坡毁坏的房屋（河南省卢氏县）

滑坡后缘裂缝（河南省巩义市）

（2）山坡体上出现有不均匀沉陷，局部台阶下坐、参差不齐。

（3）山坡体上多处房屋、道路、田坎、水渠出现变形拉裂现象。

（4）山坡前缘出现鼓胀变形或挤压脊背，说明滑坡变形加剧。

(a)滑坡隐患

(b)滑坡发生

(c)滑坡发展

(d)滑坡停止

滑坡发生过程示意图

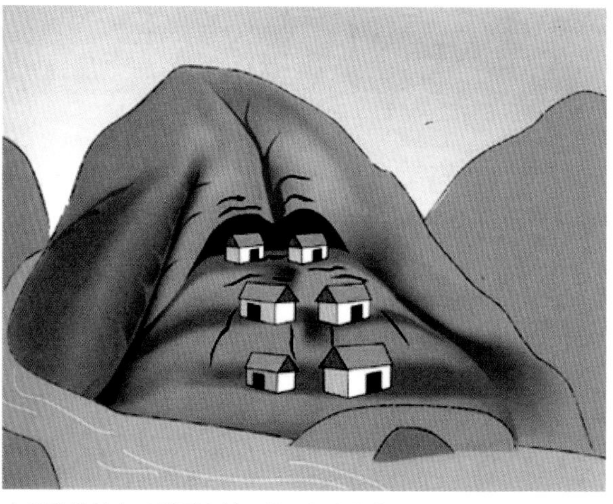

大量裂缝的出现,说明山坡已处于危险状态

1.4 什么是崩塌?

指陡斜坡上的岩土在重力作用下突然脱落母体，崩落、滚动、堆积在坡脚（或沟谷）的地质现象。崩塌包括倾倒、坠落、垮塌等类型。根据岩土成分，可划分为岩崩和土崩两大类。崩塌的运动速度极快，常造成人员伤亡。

黄土崩塌（巩义市站街镇南瑶湾村）

山体崩塌（312国道西峡段）

1.5 如何识别崩塌危险性?

崩塌发生在危岩体或危险土体区，通常具有如下特征：

（1）坡度大于45°，且高差较大，或坡体成孤立山嘴，或成凹形陡坡。

（2）坡体内部裂隙发育，尤其产生垂直或平行斜坡方向的陡裂缝，并且即将贯通，使之与母体（山体）形成可分离之势。

（3）坡体前部存在临空空间，或有崩塌物发育，这说明曾经发生过崩塌，今后还可能再次发生。

1.6 诱发滑坡、崩塌的主要因素有哪些?

（1）降雨。大雨、暴雨和长时间的连续降雨、融雪，使地表水体渗入坡体，软化岩、土及其中软弱面，易诱发滑坡、崩塌。

（2）地震。引起坡体晃动，破坏坡体平衡，易诱发滑坡、崩塌。

（3）地表水的冲刷、浸泡。河流等地表水体不断地冲刷坡脚或浸泡坡脚，削弱坡体支撑或软化岩、土，降低坡体强度，也可能诱发滑坡、崩塌。

（4）不合理的人类活动。如开挖坡脚、地下采空、水库蓄水、泄水等改变坡体原始平衡的人类活动，都可以诱发滑坡、崩塌。常见的可能诱发滑坡、崩塌的人类活动有采矿、切坡建房、道路工程、水库蓄水放水与渠道渗漏、堆（弃）渣填土、强烈的机械震动等。

1.7 什么是泥石流?

指山区沟谷中，由暴雨、冰雪融水或库塘溃决等水源激发，形成一种夹带大量泥沙、石块等固体物质的特殊洪流。往往突然爆发，浑浊的流体沿着陡峻的山沟奔腾咆哮而下，山谷内犹如雷鸣，在很短的时间内将大量泥沙石块冲出沟外，在宽阔的堆积区横冲直撞、漫流堆积，常常给人类生命财产造成很大危害。按流域的沟谷地貌形态可分为沟谷型泥石流和坡面型泥石流。

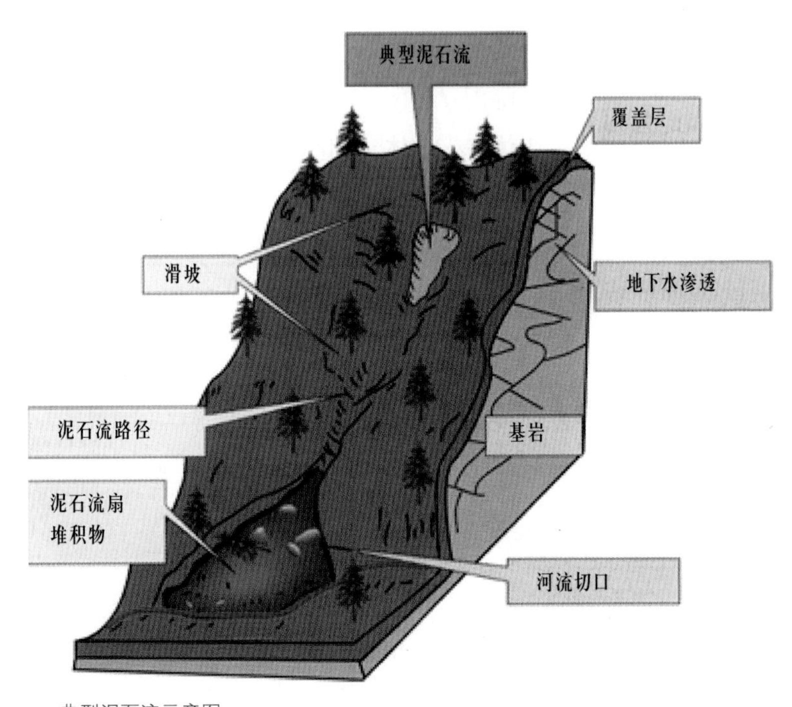

典型泥石流示意图

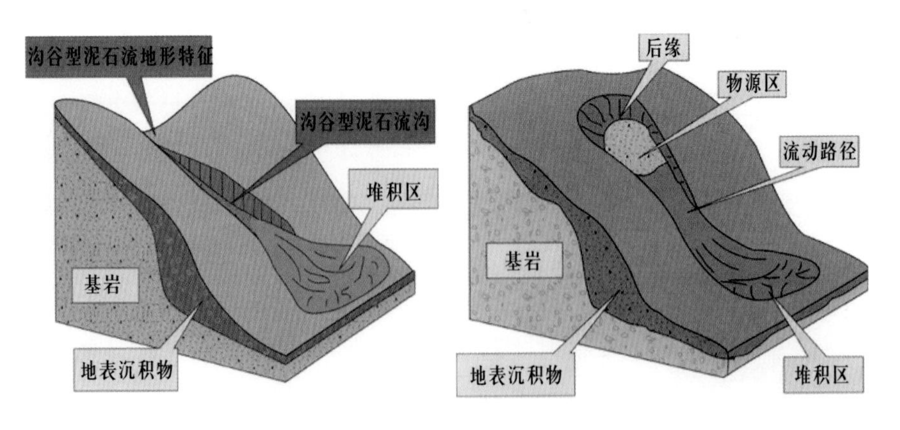

沟谷型泥石流示意

坡面型泥石流示意

1.8 泥石流是怎样形成的?

泥石流形成一般具备三个必要条件：有一定汇水面积的沟谷；有较丰富的碎石或松散土体；强降雨天气。

地形地貌条件：地形上，山高沟深，沟床纵坡降大，流域形状便于水流汇集。上游形成区地形多为三面环山、一面出口的瓢状或漏斗状，地形比较开阔，周围山高坡陡，山体破碎，植被生长不良，有利于水和碎屑物质的集中；中游流通区，地形多为狭窄陡深的峡谷，谷床纵坡降大，使泥石流能够迅猛下泻；下游堆积区地形为开阔平坦的山前平原或河谷阶地，使碎屑物有堆积场所。

松散物质来源条件：地表岩层破碎，滑坡、崩塌等不良地质现象发育，为泥石流提供了丰富的固体物质来源；另外，岩层结构疏松软弱，易于风化，节理发育，或软硬相间成层地区，因易受破坏，也能为泥石流提供丰富的碎屑物质来源；一些人类工程经济活动，如滥伐森林造成水土流失，采矿、采石形成的尾矿、弃渣等，往往也为泥石流提供大量的物质来源。

水源条件：水既是泥石流的重要组成部分，又是泥石流的重要激发条件和搬运介质的动力来源。水来自暴雨、冰雪融水和溃决水体等。河南省泥石流水源主要来自暴雨和长时间的连续降雨及库坝溃决等。

1.9 如何识别泥石流易发沟谷?

当一条沟谷在松散固体物质来源、地形地貌条件和水源动力条件等三个方面都有利于泥石流形成时，可能成为泥石流易发沟谷。

（1）松散土、石丰富。

沟道两侧山体破碎、滑坡和崩塌作用频繁、水土流失和坡面侵蚀作用强烈，以及沟道内松散固体物质积存量大的沟谷，是特别容易发生泥石流的沟谷。能够进入沟道的松散固体物质越丰富，泥石流发生的频率通常也越高。

深切陡峻，易形成泥石流
（河南省卢氏县）

碎石堆积，成为泥石流物源
（河南省博爱县东石河）

（2）地形地貌便于集水、集物。

能够汇集较大水量、保持较高水流速度的沟谷地形，可以使流水有足够的动力，搅动、容纳和搬运大量的松散固体物质，形成特殊的流体。

易发生泥石流的沟谷大多具有以下地形特征：沟谷上游三面环山、山坡陡峻，平面形态呈漏斗状、勺状、树叶状；沟谷中游山谷狭窄，沟道纵坡降较大，束流特征明显；下游沟口地势开阔，有利于固体物质堆积。

（3）沟内能迅速汇集大量水源。

流水是形成泥石流的动力条件。局地暴雨多发区的沟谷、有溃坝危险的水库或塘坝的下游沟谷、季节性冰雪大量消融区的沟谷，可以在短时间内产生大量流水，在沟道中汇集成湍急水流，易诱发泥石流。

第二章 地质灾害的主要影响因素

2.1 暴雨等自然因素引发崩塌、滑坡、泥石流

降水往往是引发滑坡、崩塌、泥石流的首要因素。此外，河流冲刷、冰雪融化等也能引发滑坡、崩塌等灾害。

河流冲刷可能引发滑坡

降雨诱发滑坡

房址应避开江、河、湖等陡坡地带

房屋被滑坡毁坏（河南省嵩县）

2.2 不同的地层可能引发崩塌或滑坡

在工程地质中，一般可以将岩土类型分为基岩、松散堆积体、土体等。基岩大多形成于数千万年以前，稳定性通常较好；松散堆积体成因复杂，如由滑坡、崩塌、泥石流等形成的堆积体稳定性差，切坡或排水等人为扰动后易形成新的滑动；土体可分为黄土、红黏土、残坡积土等多种类型。一般来讲，分布在平缓地带的土体稳定性较好，不会发生严重的滑坡等突发性地质灾害。

黄土地层裂隙发育，易发生土质崩塌
（河南省郑州市侯寨乡）

砂岩风化易发生山体崩塌
（河南省林州市）

2.3 构造发育的岩层容易发生崩塌、滑坡

斜坡发育有断层、节理裂隙等不连续面时，将岩体切

割成大小不等的分离体，具备向下滑动的条件。因此，在村镇选址中，应注意观察构造面的组合和分离体的分布特征。当这种不连续面顺斜坡分布时，边坡岩体稳定性差，最易发生滑坡和崩塌等灾害。

岩体节理裂隙发育，易形成崩塌
（河南省巩义市）

根系较浅的灌木丛易发生滑坡
（河南省固始县）

地质构造还包括影响到一定区域范围地壳稳定的活动性断裂。这些活动性断裂往往容易造成地面变形、开裂甚至是控制地震发生的断裂。这些问题需要专业部门来查证。

顺层斜坡易发生滑坡

顺层滑坡砸毁房屋（河南省商城县）

2.4 植被与地质灾害

树林和竹林茂密的斜坡也可能是表层滑坡和泥石流的易发区。这是因为斜坡表层土壤较为疏松，降雨时地表水不易渗入到下伏基岩中致使土体饱水所致。因此，当所选新址后山植被发育时，应细心察看树木和竹林的形态。成片分布的“马刀树”指示斜坡表层土体处于不稳定的蠕滑状态；或者，分布有东倒西歪的“醉汉林”指示斜坡发生整体滑动。

2.5 人为不合理工程活动引发地质灾害

在新址附近，应调查人为工程活动可能诱发的地质灾害。应了解修路、采矿等在沟谷中弃渣诱发泥石流的可能；了解斜坡后缘堆载或前缘开挖坡脚诱发滑坡的可能；了解农业灌溉、水渠和水池的漫溢和漏水、废水排放等加剧滑坡的可能；了解沟谷和斜坡随意堆弃渣土引发泥石流的可能。

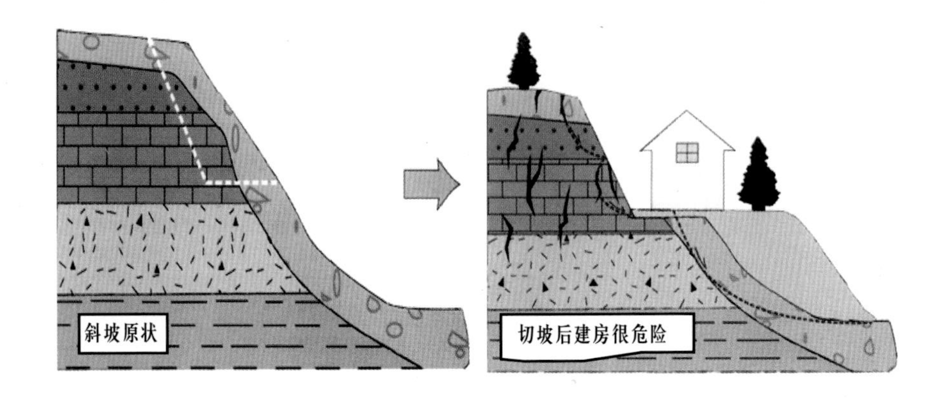

2.6 人为改变河道路径可能引发泥石流地质灾害

天然河道是在一定历史时期内，经由内外地质动力综合作用的结果，或弯或直因循的是自然规律。未经专业人员科学合理论证，都不宜大兴工程、人为改变河道的自然状态。山水相依才是适合人居的自然环境，自然山水功能用人造山水功能无法代替，优美的自然环境可遇不可“造”。由于山区可供建设用地资源非常宝贵，因此常常在山洪泥石流的行洪区或堆积区，人为地缩小河道宽度，或改变流通方向，致使山洪地质灾害加剧。

2.7 随意兴建池塘也会引发地质灾害

在村镇建设中，为了生活、生产用水的需要，常常新建不少池塘，也美化了乡村景色。由于未经过合理的选址和设计，这些池塘往往建设在滑坡体或不稳定的斜坡上。当滑坡体或不稳定斜坡发生变形拉裂时，池塘的水体极易渗入，加剧了滑坡的形成，带来了严重的地质灾害。因此，应该合理地选择池塘的位置，特别是位于房屋后部斜坡体上时更应该注意，同时，也要控制池塘的规模。

2.8 轻视基础设施建设将会引发地质灾害

在许多新农村建设中，往往对房屋建筑设施较重视，但对生活废水和雨水的排放设施重视不够，形成了常年不断的入渗水源，致使坡体稳定性大大降低，地面裂缝增多增大。乡村的排水设施，特别是位于后山的拦山堰等地处理较差，很快被拉裂破坏，暴雨时不仅发挥不了排水的作用，反而造成汇集地表水渗入坡内的恶果。道路或其他工

房屋选址不合理，遭受泥石流危害
（河南省卢氏县）

植被茂密山坡易发生坡面泥石流
（河南省卢氏县）

程切坡后，未能对边坡合理加固，引发了较大范围的滑动。

2.9 随意选择绿化植物也可能引发地质灾害

大量的事例说明，当斜坡较陡表层土体松软时，过密的植被、过高的乔木反而更易引起表层滑坡。农村常称之为“鬼剃头”。后山绿化是防治坡面泥石流的一种好方式，但是要常常查看后山植被的变形形状，如“马刀树”、“醉汉林”等表示斜坡不稳定。

在山区，由于古老湖泊堆积物形成的地形较为平坦，常常作为农村居民点、村、乡镇甚至县城的场址。在利用古老滑坡作为新址时，应经专业部门勘察论证其稳定性。

第三章 预防地质灾害发生的主要方法

3.1 进行工程建设时，注意防止地质灾害的发生

房屋距山坡过近，容易遭受滑坡
（河南省汝阳县付店镇）

进行修路等工程建设，做好边坡防护
（河南省郑少高速公路）

房屋建在反向坡的坡上、坡下，均比较安全

场地选择不当，切坡不合理，未加支护，房屋未建好已成危房

3.2 不可在滑坡前缘随意开挖坡脚

在滑坡体上建房、筑路、场地整平、挖沙采石和取土等活动中，不能随意开挖滑坡体坡脚。如果必须开挖且挖方规模较大时，应事先由相关专业部门制定开挖施工方案，并经过专业技术论证和主管部门批准，方能开挖。坡脚开挖后，应根据施工方案和开挖后的实际情况对边坡进行及时支挡。

不合理开挖坡脚易导致斜坡失稳、发生滑坡

采矿弃渣易形成泥石流（河南省灵宝市）

3.3 不得随意堆弃土石

对岩土工程活动中形成的废石、废土，不能随意顺坡堆放，特别是不能堆砌在乡镇上方的斜坡地段。当弃土石量较大时，必须设置专门的弃土场。最好的办法是把废弃土石变为可用资源，在整地、造田、修路等需要填土的工程中加以充分的利用。

3.4 管理好引排水沟渠和蓄水池塘

在滑坡体上布置的引水系统最好采用管道输水，避免渠道开挖渠水入渗引发山坡失稳。管道一旦发生漏水时，也比较容易监控。生产、生活废水排放系统要保证安全、有效，避免堵塞沟渠、污水渗漏和冲蚀或渗入滑坡体。

山坡凹处降雨形成的积水应及时排干，否则，当坡体变形时极易引发池塘拉裂，导致地表水入渗滑坡体内，加剧变形破坏。

在滑坡体上随意泼水增加了下滑力，容易引发灾害

小型水库坝体溃坝易形成泥石流，威胁下游安全

3.5 注意控制滑坡体上的建筑密度

古老滑坡体在自然状态下具有一定的地质环境容量，随意扩大建筑规模，将可能超过古老滑坡体有限的载重量，导致稳定性的降低，引发局部甚至整体的滑动，造成严重的损失。在滑坡体上规划新村镇时，必须按照国家规定的建设用地（工程）地质灾害危险性评估程序和

工程建设勘察设计程序，请专业队伍进行专门的地质工作，并报请政府主管部门审批。

新建建筑物位于不稳定坡体前缘，存在隐患（河南省商城县达权店乡）

泥石流破坏房屋和耕地，造成损失较大（河南省商城县）

3.6 注意访问和实地调查泥石流的发生历史

泥石流堆积区地势平坦，地质结构松散，水源丰富，因而植被茂密。往往泥石流发生一段时间后，迹象模糊，致使后人盲目地在该区修建房屋，在特大暴雨时，酿成新的灾难。因此，在进行集镇建设时，应该请专业技术人员进行实地调查和访问当地老人，了解泥石流的复发和成灾风险。

3.7 注意改善生态环境

泥石流的产生和活动程度与生态环境质量关系密切。生态环境好的区域，泥石流发生的频度低、影响范围小；生态环境差的区域，泥石流发生的频度高、危害范围大。在沟谷中上游提高植被覆盖率，可以明显抑制泥石流的形成；在沟谷下游或乡镇附近营造一定规模的防护林，可以为免受泥石流危害提供安全屏障。

3.8 避免在冲沟内堆放垃圾

在冲沟中堆放垃圾将增加泥石流固体物源、加剧泥石流危害。乡镇人口密度大，产生的生活、生产垃圾多，把垃圾随意堆积在沟谷中不仅影响新农村环境景观，污染水源，更严重的是增加了产生泥石流或加重泥石流危害的风险。指定科学的垃圾处置方案并在建设过程中同步实施，是衡量新农村规划建设水平的重要指标。

弃渣随意堆积，成为泥石流物源（河南省巩义市）

房屋建在泥石流沟中，非常危险（河南省林州市）

3.9 控制房屋建设规模，禁止挤占行洪通道

泥石流堆积区往往地势平坦，常被用作房屋建设用地。应当控制建设规模，特别是在行洪通道中间或边缘，应该严格禁止修建房屋。但堆积区被用作建设场地时，应

沿两侧地势较低处修建新的行洪通道，避免泥石流直接冲入。

泥石流的搬运规律非常复杂，山区常常可见冲出的巨石达数十米长，体积达数百立方米，其冲击力非常巨大。因此，当沟谷中物源丰富，巨石嶙嶙，坡降较大时，堆积区最好不要作为房屋建设用地。

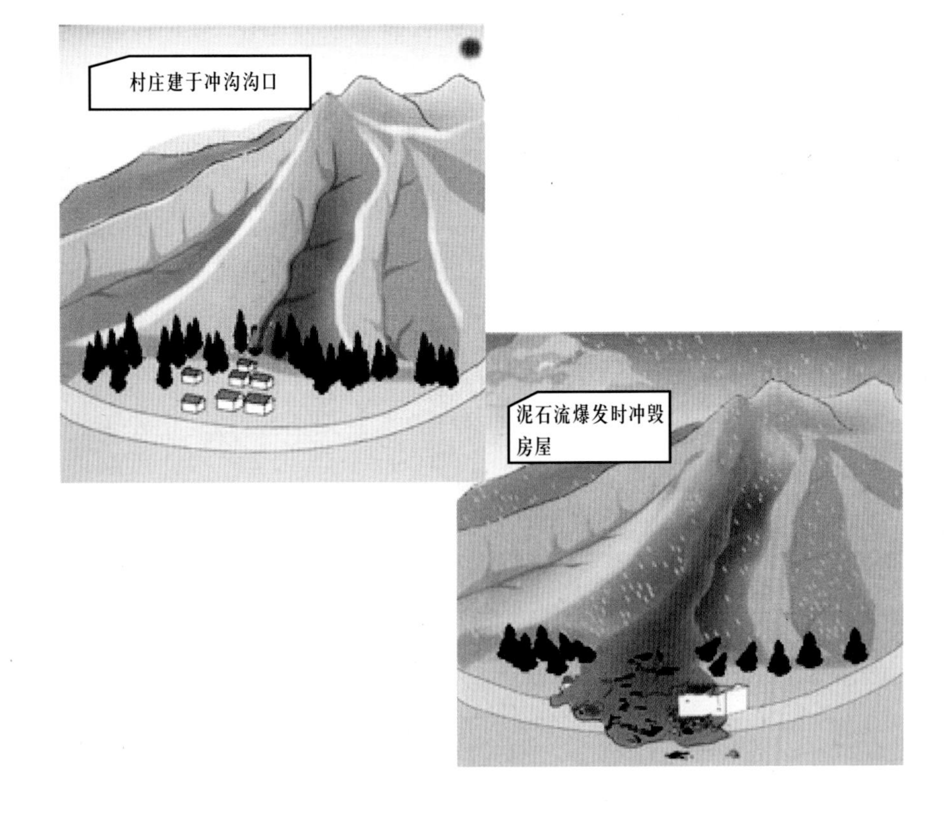

第四章 地质灾害的调查与监测

第一节 地质灾害调查

4.1 滑坡前部宏观调查

降雨是引发地质灾害的重要原因，每年汛期来临之前通过对可能成灾的隐患点进行排查，可有效减少地质灾害损失。通过对斜坡的前部、中部及后部调查，可发现滑坡征兆。

当斜坡前部出现鼓胀、地面反翘或者建筑物地基出现错裂时，应注意详细查看山体的变形拉裂情况，并向主管部门报告，请专业人员到现场察勘。

滑坡前缘鼓丘（河南省巩义市夹津口镇）

滑坡后部裂缝（河南省巩义市夹津口镇）

4.2 滑坡中部宏观调查

建在斜坡上的房屋出现地面拉裂缝、次级台阶，并使建筑物出现有规则的拉裂变形等情况，说明斜坡已不稳定。但是，应注意由于局部地形起伏或由于人工堡坎和挡墙未坐落在稳定的地基体上而出现的地面裂缝，或由于建筑质量差而开裂，不要误判为是滑坡的变形滑动。

山体中部房屋出现裂缝（河南省巩义市涉村镇）

山体中部房屋裂缝（河南省博爱县寨豁乡）

4.3 滑坡后部宏观调查

当斜坡后部出现贯通性的弧形裂缝，并出现向后倾斜的下坐拉裂台阶时，必须尽快采取避让措施，将滑坡区的居民尽快转移，并及时向当地主管部门报告。

4.4 崩塌宏观调查

当高陡斜坡危岩体后缘裂缝明显拉张或闭合，出现新生的裂缝，应该进一步进行地面调查，横跨裂缝布置若干简易监测剖面，了解变形拉裂情况，并向当地主管部门报告。

当危岩体下部出现明显的压碎张裂带，并形成与上部贯通的裂缝时，表明发生崩塌的危险极高，应该及时采取避让措施，并及时向当地主管部门报告，请具有地质灾害防治知识的专业人员到现场进一步察勘。

4.5 泥石流宏观调查

泥石流沟口通常是发生灾害的重要地段。在应急调查时，应该加强对沟口的调查。仔细了解沟口堆积区和两侧建筑物的分布位置，特别是新建在沟边的建筑物。

调查了解沟上游物源区和行洪区的变化情况。应注意采矿排渣、修路弃土、生活垃圾等的分布，在暴雨期间可能会形成新的泥石流物源。

4.6 地质灾害易发区房屋的调查

要按照“以人为本”的原则，针对地质灾害高发区点多面广的难题，集中力量对有灾害隐患的居民点或村庄的房屋和房前屋后开展调查。

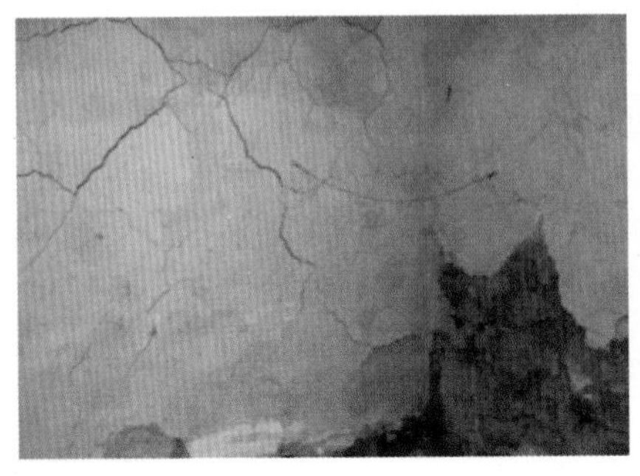

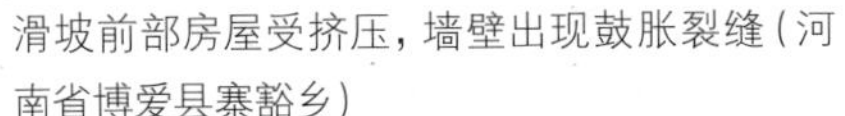

滑坡前部房屋受挤压，墙壁出现鼓胀裂缝（河南省博爱县寨豁乡）

滑坡变形致使房屋开裂（河南省汝阳县靳村乡）

第二节 滑坡裂缝简易监测

滑坡、崩塌、泥石流灾害虽然突发性强，来势凶猛，但是这些灾害发生前都具有明显的前兆。对滑坡、崩塌体和建筑物裂缝经常进行简易的测量，是避免人员伤亡的有效方法。

4.7 埋桩法

埋桩法适合对滑坡体发生的裂缝进行观测。在斜坡上横跨裂缝两侧埋桩，用钢尺测量桩之间的距离，可以了解滑坡变形情况。

4.8 埋钉法

在建筑物裂缝两侧各钉一颗钉子，用两颗钉子之间的距离变化来判断滑坡的变形滑动。这种方法对于临灾前兆的判断是非常有效的。

4.9 上漆法

在建筑物裂缝的两侧用油漆各画上一道标记，与埋钉法原理是相同的，通过测量两侧标记之间的距离，来判断裂缝是否在扩大。

埋桩法测量滑坡体后缘位移量

在裂缝两侧设置标尺，可以简易量测滑坡变形量

埋钉法：在建筑物裂缝两侧各钉一颗钉子，通过测量两侧两颗钉子之间的距离变化来判断滑坡的变形滑动

上漆法

4.10 贴片法

在横跨建筑物裂缝处粘贴水泥浆片或纸片，如果纸

被拉断，说明滑坡发生了明显变形，须严加防范。贴片法与上面三种方法都是定性的，但是，可以非常直接地判断滑坡的突然变化情况。

在建筑物裂缝处粘贴纸片监测裂缝扩张情况
如果纸被拉断，说明滑坡发生明显变形

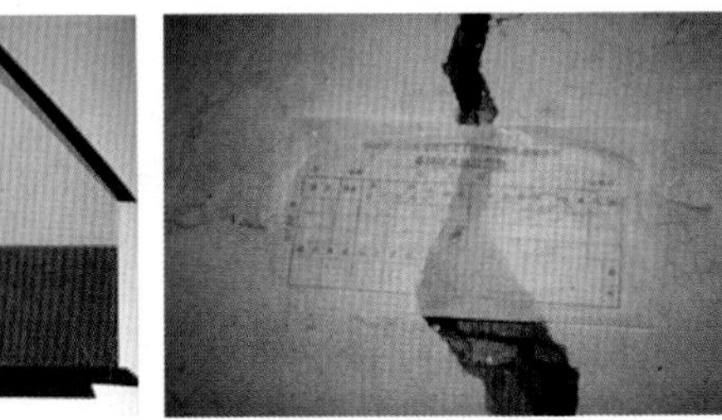

贴纸，可观测房屋变形情况
（河南省巩义市大峪沟镇柏林村）

4.11 简易监测的基本步骤

（1）选定监测点。一般选在主裂缝的两侧，每两个点为一组，最好设3~5组。

（2）确定测量工具和测量仪器。可以用钢卷尺或测绳进行测量。观测周期可以根据具体的滑动变形情况确定。一般每月应观测一次。变形滑动明显时，应增加观测次数，可以增加到每周或每天一次。在暴雨时，应加密观测次数，可以增加到数小时一次。

（3）记录、分析监测结果。每次观测，需认真做好观测记录，并对获取的资料进行分析，预测预报崩塌滑坡的发展趋势。

（4）建立简单易行的险情警报系统，当变形滑动量比平常明显增高时，应及时通知群众撤离，并及时上报。

第三节 泥石流的简易观测措施

4.12 通过正常洪水位线来观测泥石流

在泥石流调查和危险区划的基础上，通过了解当天天气预报信息和实际观察沟谷中暴雨形成的水流情况判断洪水水位。可以通过植物生长或蚁穴分布情况确定正常的洪水位线，而且暴雨仍在继续时，必须派人现场观测，并采取必要的避让措施。如果洪水夹带的土石量增加或出现间歇性断流时，要注意有可能发生泥石流。

对于经常爆发泥石流的沟谷，可以通过泥石流泥位线来判断泥石流灾害的发生。当山洪泥石流水位线接近平常的泥位线时，而且暴雨还在继续，必须采取人员避让措施。

4.13 暴雨期要对上游泥石流物源区进行巡查和看守

对村庄、居民点、厂矿上游的滑坡、崩塌堆积物、尾矿矿渣排放场、工程弃土，甚至土层比较厚而且植被良好的陡坡进行巡查和看守，发现有较多物质被洪水携带时，要及时采取避灾措施。

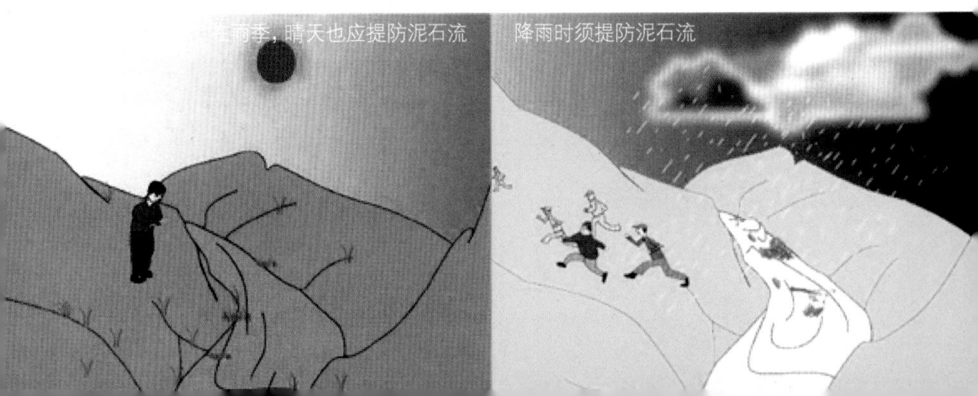

第四节 专业监测设施的保护

为了保护广大人民群众生命财产安全，在地质灾害多发区，国土资源管理部门要布设专业监测点，利用先进的仪器监测地质灾害的变形破坏。因此，保护好这些监测设施，不仅可以为地质灾害的预警提供连续不断的监测数据，也可以及时发现险情和及早进行处置，以确保当地群众生命财产安全。

4.14 遵守国家法律，保护监测设施

国家已颁布法律，将破坏或盗窃监测设施作为违法犯罪行为。保护并看护监测设施是公民的光荣义务。

4.15 教育儿童不要敲打、移动监测设施

监测设施具有很高的科学技术含量，往往引起儿童们的强烈好奇心。个别儿童甚至利用石头、榔头、小刀等硬器敲打设施，导致监测设施变形、破坏不能正常工作。因此，要经常教育儿童保护好这些设施。

4.16 不要让牲畜碰撞监测设施

监测设施精密程度高，不得把它视作树干一样用来拴系牲畜。在放养牲畜时，要避让适当距离，避免牲畜碰撞和磨蹭。

第五章 地质灾害发生前后的应对措施

第一节 及时捕捉临灾前兆

地质灾害发生前数天、数小时甚至数分钟，前兆是清楚的。只要普及地质灾害防范的基本常识，及时捕捉前兆，迅速采取措施，就可以成功避免人员伤亡。

5.1 滑坡前部土体强烈上隆膨胀

这是滑坡向前推挤的明显迹象，表明即将发生较为深层的整体滑动，滑坡规模也较大，具有整体滑动的特征。通常伴随前缘建筑物的强烈挤压变形甚至错断。

5.2 滑坡前部突然出现局部滑塌

这种情况可能会使滑坡失去支撑而即将发生整体滑动，但是，也可能是局部失稳。应该及时报告主管部门，查看滑坡前后缘和两侧的变形情况，进行综合判断。

滑坡前部出现坍塌（河南省巩义市夹津口镇铁生沟）

蓄水池裂缝，失去蓄水功能（河南省巩义市夹津口镇铁生沟）

5.3 滑坡前部泉水流量突然异常

滑坡前缘坡脚有堵塞多年的泉水突然涌出，或者泉水（井水）突然干枯、井水位突然变化等异常现象。说明滑坡体变形滑动强烈，可能发生整体滑动。

5.4 滑坡地表池塘和水田水位突然下降或干涸

出现滑坡体表层修建的池塘或水田突然干枯、井水位突然变化等异常现象，说明滑坡体上出现了深度较大的拉张裂缝，并且水体渗入滑坡体后，加剧了变形滑动，可能发生整体滑动。

5.5 滑坡前缘突然出现有规律排列的裂缝

滑坡前部甚至中部出现横向及纵向放射状裂缝时，表明滑坡体向前推挤受到阻碍，已经进入临滑状态。

5.6 滑坡后缘突然出现明显的弧形裂缝

地面裂缝的出现，说明山坡已经处于不稳定状态。弧形张开裂缝和水平扭动裂缝圈闭的范围，就是可能发生滑坡的范围。滑坡后缘的裂缝急速扩展，并从裂缝中冒出热气（或冷气）。

斜坡后部弧状裂缝，显示山体很不稳定（河南省汝阳县靳村乡）

5.7 简易观测数据突然变化

滑坡体裂缝或变形观测数据突然增大或减小，说明出现了加速变化的趋势，这是明显的临滑迹象。

5.8 危岩体下部突然出现压裂

在崖下突然出现岩石压裂、挤出、脱落或射出，通常伴随有岩石开裂或被剪切挤压的声响，这种迹象表明可能发生崩塌。

5.9 动物出现异常现象

猪、牛、鸡、狗等惊恐不宁，不入睡，老鼠乱窜不进洞等，可能是滑坡、崩塌即将来临。

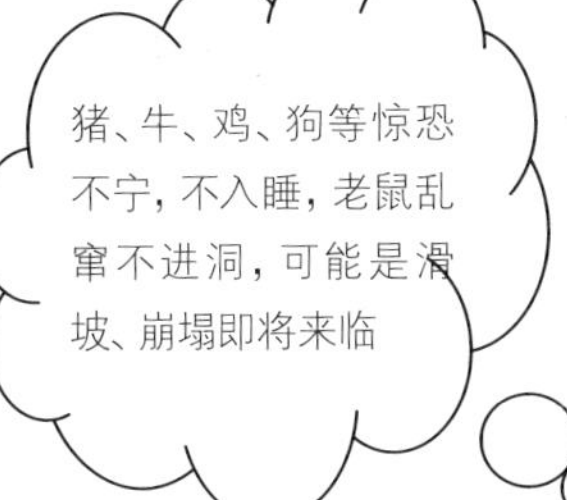

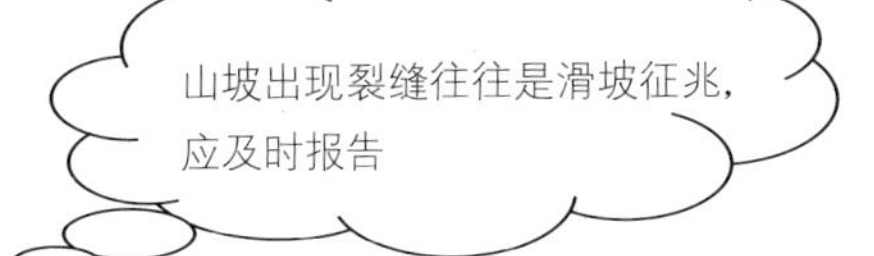

5.10 泥石流沟谷下游洪水突然断流

要注意行洪区次级滑坡堵沟引发溃决型泥石流的危险。上游行洪区次级滑坡在洪水冲刷淘蚀下发生滑动并堵塞河道，形成断流，这是溃决型泥石流即将发生的前兆。在泥石流形成区设置观测点，发现上游形成泥石流后，及时向下游发出预警信号。

暴雨期间沟谷堵塞时，随意去疏通是很危险的。

5.11 泥石流沟谷上游突然传来异常轰鸣声

声音明显不同于机车、风雨、雷电、爆破等声音，可能是泥石流携带的巨石撞击产生。

5.12 临灾前兆的综合判定

地质灾害的发生通常具有综合的前兆，单一由个别的前兆来判定灾害可能会造成误判，带来不良的社会影响。因此，发现某一个前兆时，必须尽快查看，迅速做出综合判定。若同时出现多个前兆时，必须迅速疏散人员，并报告当地主管部门。

第二节 临灾处置

临时避灾不是灾难临头才想起避灾，而是要从发现灾害前兆之时起，就要有所准备，因为“有备”，才能“无患”。躲避地质灾害应做好以下几个方面的准备。

5.13 预先选定临时避灾场地

在危险区之外选择一处或几处安全场地，作为避灾的临时场所。要把人员安全放在第一位，避免从一处危险区又迁到另一处灾害危险区内。

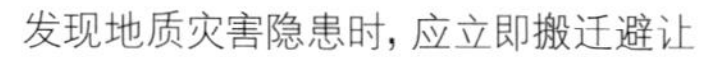

发现地质灾害隐患时，应立即搬迁避让

临灾时按预定方案组织疏散

5.14 预先选定撤离路线、规定预警信号

通过实地踏勘选择好转移路线。转移路线要尽量少穿越危险区，沿山脊展布的道路比沿山谷展布的道路更安全。事先约定好撤离信号(如广播、敲锣、击鼓、吹号等)，同时要规定信号管制办法，以免误发信号造成混乱。

选择适宜的警报信号

山体滑坡时，不要贪拿财物

滑坡时不要乱跑，应向滑坡体两侧跑

泥石流发生时，应向沟岸两侧山坡跑

5.15 落实责任人

要事先落实并公布地质灾害防灾避灾总责任人，以及疏散撤离、救护抢险、生活保障等各项具体工作的责任人。通过村民大会、有线广播等办法，对拟订的避灾措施进行广泛宣传，做到家喻户晓。必要时还应组织模拟演习，以检验避灾措施的实用性，针对发现的问题，对方案进行完善。

5.16 预先做好必要的物资储备

有条件时，应在避灾场地预先搭建临时住所，使群众在避灾过程中拥有基本的生活条件。群众的财产和生活用品可以提前转移到避灾场所，这样既能方便群众生活又可减少财产损失。交通工具、通信器材、雨具和常用药品等，也应根据具体情况提前做好准备。

地质灾害大多发生在雨季，特别是夜晚时造成的损失更大。因此，暴雨期间，夜晚不要在高危险区内留宿。

第三节 灾后应急自救

地质灾害发生后，专业救灾队伍未来到前，应及时采取必要的避灾措施。

5.17 不要立即进入灾害区搜寻财物，以防再次发生滑坡、崩塌

当滑坡、崩塌发生以后，后山斜坡并未立即稳定下来，仍不时发生崩石、滑塌，甚至还会继续发生较大规模的滑坡、崩塌。因此，不要立即进入灾害区去挖掘和搜寻财物。

5.18 立即派人将灾情报告政府

偏远山区地质灾害发生后，往往造成道路、通信毁坏，无法与外界沟通。应该尽快派人将灾情向政府报告，以便及时展开救援。

5.19 迅速组织村民查看是否还有滑坡、崩塌发生的危险

灾害发生后，在专业队伍到达之前，应该迅速组织

力量巡查滑坡、崩塌区和周围是否还存在较大的危岩体和滑坡隐患，并应迅速划定危险区，禁止人员进入。

5.20 观察天气、收听广播、收看电视，关注是否还有暴雨

根据多年的经验，要注意收听广播、收看电视，了解近期是否还会有发生暴雨的可能。如果将有暴雨发生，应该尽快对临时居住的地区进行巡查，制定防灾应急预案，指定专门的人员时刻监视斜坡和沟谷情况，避免新的灾害发生。

5.21 有组织地搜寻附近受伤和被困的人员

撤离灾害地段后，要迅速清点人数，了解伤亡情况。对于失踪人员要尽快组织人员进行查找搜寻。

第四节 应急抢险处置

一般情况下，应急抢险处置应由地质灾害应急抢险指挥部组织专业抢险队伍实施。目前，在我国，针对滑坡、崩塌开展应急抢险处置较为常见。

5.22 及时封堵裂隙防止地表水的直接渗入

滑坡后缘出现裂缝时，应及时进行回填或封堵处理，防止雨水沿裂隙渗入到滑坡中。可以利用塑料布直接

铺盖，或者用泥土回填封闭，也可用混凝土预制盖板遮盖。

5.23 开挖截、排水沟，将地表水引出危险区

当滑坡、崩塌体尚未稳定，或者斜坡仍存在滑动、崩落危险时，可以根据现场情况，迅速开挖排水或截水沟渠，将流入危险区的地表雨水堵截在外，并将滑坡、崩塌区内的地表水体引出区外。

在未稳定的滑坡、崩塌堆积体上修砌排水沟渠时，注意基础的稳定情况，还需采取夯实、铺填塑料布等防渗措施。否则，反而将地表水引入到滑坡体中，加剧滑坡的变形滑动。

5.24 利用重物反压坡脚减缓滑坡的滑动

当山体前缘出现地面鼓起和推挤时，表明滑坡将滑动。这时应该尽快在前缘堆积砂石压脚，抑制滑坡的继续

应及时填埋滑坡体上的裂缝

在坡脚鼓起部位堆压,可以减缓滑动

发展，为财产转移和滑坡的综合治理赢得时间。

5.25 在后缘实施简易的减载工程

当滑坡仍在变形滑动时，可以在滑坡后缘拆除危房，清除部分土石，以减轻滑坡的下滑力，提高整体稳定性。清除的土石可堆放于滑坡前缘，达到压脚的效果。

值得强调的是，在滑坡刚出现坡体拉裂、前缘隆起等变形迹象，总体尚处于稳定阶段时，乡、村基层组织应及时组织村民，按照上述措施进行简易处置，防止由于降雨或其他人为活动引起变形加剧。此外，日常生产生活中，有意识地在沟谷上游植树造林、涵养水源，在沟谷下游修建简易的拦沙坝和格栅栏，雨季来临前，及时清除行洪沟、谷内的石块和淤泥等，都有助于防止和减轻泥石流的形成和危害。

第六章 地质灾害的防治

第一节 地质灾害防治管理

6.1 地质灾害防治是全社会的共同责任

县级以上地方人民政府负责本行政区域内地质灾害防治工作的领导。

县级以上地方人民政府国土资源主管部门负责本行政区域内地质灾害防治的组织、协调、指导和监督工作。

县级以上地方人民政府发展和改革委员会、公安、财政、建设、交通、水利、卫生、教育、环保、广电、气象、旅游及铁路等有关部门和单位按照各自的职责,负责有关的地质灾害防治工作。

乡(镇)、村委会以及企业、厂矿、学校等单位应做好相关地质灾害的防治工作。

河南省国土资源厅组织召开地质灾害防治工作会议

6.2 各级政府负责突发地质灾害应急管理

为及时处置因自然因素或者人为活动引发的危害人民生命和财产安全的山体崩塌、滑坡、泥石流、地面塌陷等与地质作用有关的突发地质灾害，县级以上各级政府应成立突发地质灾害应急机构。

突发地质灾害应急机构的主要职责任务是：统一组织、指挥和协调突发地质灾害的应急防治与救灾工作；分析判断成灾或多次成灾的原因，确定应急防治与救灾工作方案；部署和组织有关部门和有关地区对受灾地区进行紧急救援；协调军队和武警力量迅速组织指挥参加抢险救灾队伍；指导下一级地质灾害应急防治机构做好地质灾害的应急防治工作；处理其他有关地质灾害应急防治与救灾的重要工作。

省级人民政府负责特大型（Ⅰ级）和大型（Ⅱ级）地质灾害的应急工作。各省辖市、县级人民政府负责本辖区的中型（Ⅲ级）、小型（Ⅳ级）地质灾害的应急工作，负责先期处置由省人民政府负责处置的特大型（Ⅰ级）和大型（Ⅱ级）地质灾害。

第二节 突发地质灾害应急预案和年度地质灾害防治方案

6.3 什么是突发地质灾害应急预案？

各级人民政府负责地质灾害防治的管理部门，均应会同同级建设、水利、交通等部门制定本行政区域内的突发地质灾害应急预案，这是确保人民生命安全，最大限度减轻灾害损失的一项防灾减灾的有效措施。突发地质灾害应急预案要求：一要明确组织指挥机构和抢险救灾队伍；二要摸清地质灾害基本情况，划分易发区和危险区，逐一列出易发生地质灾害地段；三要制定不同量级降雨地质灾害应急措施，明确不同量级降雨地质灾害点监测、易发地质灾害地段巡查地要求、临灾抢险救灾措施；四要是明确标注村地质灾害应急队伍人员名单和联系电话。

6.4 什么是年度地质灾害防治方案？

各级人民政府为切实做好每年地质灾害防治工作，最大限度地减少或避免地质灾害给人民生命财产造成损失，根据《地质灾害防治条例》而制定的年度地质灾害防治工作计划称为年度地质灾害防治方案。

年度地质灾害防治方案要明确本年度的地质灾害防治重点、防治的主要任务及措施。

主要内容包括：上一年主要地质灾害发生情况；本年度地质灾害趋势预测与防治重点；主要地质灾害防治措施及主要地质灾害隐患点、危险点分布一览表等。

6.5 省级地质灾害防治方案

主要对省内重要城市、重点矿山、重要交通干线等灾害做出初步评价预测，对其防治提出原则建议；对影响特别大、可能造成重大人员伤亡和严重财产损失的隐患点，尽可能提出较为具体的预报意见，提出可行的防灾、减灾措施建议；做出汛期突发灾害隐患巡回检查计划。

省国土资源厅开展汛期地质灾害巡查

6.6 市、县级地质灾害防治方案

主要应参照省级防灾预案对本地区地质灾害的趋势预报和防灾要求，圈定重点防范区段；对重点灾害隐患点，做出预报，对其可能造成的危害进行预测。逐点落实包括监测、报警、疏散、应急抢险等内容的预防措施，防灾责任要落实到具体的乡（镇）、单位，签订责任书。明确具体负责人；做出群测人员培训计划和重要隐患点巡回检查计划。

（1）简要说明上年度地质灾害的灾情（包括人员伤亡、财产损失、重要设施破坏情况），汛后各隐患点的稳定性变化情况。

（2）参照省（自治区、直辖市）级防灾预案对本地区地质灾害的趋势预报和防灾要求，圈定重点防范区段。

（3）对重要灾害隐患点，做出中长期预报，对其可能造成的危害进行预测。逐点落实包括监测、报警、疏散、应急抢险等内容的预防措施，防灾责任要落实到具体的乡（镇）、单位，签订责任书，明确具体责任人。

（4）做出群测人员培训计划和重要隐患点巡回检查计划。

滑坡警示牌（河南省巩义市涉村镇）

6.7 地质灾害应急预案的宣传

预案公布后，要及时向群众宣传普及，通过分发资料、张榜公布、利用广播介绍地质灾害防治基本知识等形式，增强群众的地质灾害防御知识，提高自救能力，并积极主动配合地质灾害防治工作，确保救灾工作有序展开，确保人民群众生命财产安全。

第三节 地质灾害险情报告

6.8 地质灾害险情和灾情分级

地质灾害按危险程度和规模大小分为特大型、大型、中型、小型地质灾害险情和地质灾害灾情四级：

（1）特大型地质灾害险情和灾情（Ⅰ级）。

受灾害威胁，需搬迁转移人数在1 000人以上或潜在可能造成的经济损失1亿元以上的地质灾害险情，为特大型地质灾害险情。

因灾死亡人数30人以上或因灾造成直接经济损失1 000万元以上的地质灾害灾情,为特大型地质灾害灾情。

（2）大型地质灾害险情和灾情（Ⅱ级）。

受灾害威胁，需搬迁转移人数在500人以上、1 000人以下，或潜在可能造成的经济损失5 000万元以上、1亿元以下的，为大型地质灾害险情。

因灾死亡人数10人以上、30人以下，或因灾造成直接经济损失500万元以上、1 000万元以下的，为大型地质灾害灾情。

(3)中型地质灾害险情和灾情(Ⅲ级)。

受灾害威胁,需搬迁转移人数在100人以上、500人以下,或潜在可能造成的经济损失500万元以上、5 000万元以下的,为中型地质灾害险情。

因灾死亡人数3人以上、10人以下,或因灾造成直接经济损失100万元以上、500万元以下的,为中型地质灾害灾情。

(4)小型地质灾害险情和灾情(Ⅳ级)。

受灾害威胁,需搬迁转移人数在100人以下,或潜在可能造成的经济损失500万元以下的,为小型地质灾害险情。

因灾死亡人数3人以下,或因灾造成直接经济损失100万元以下的,为小型地质灾害灾情。

6.9 地质灾害速报

(1)速报原则。情况准确,上报迅速,县为基础,续报完整。

(2)速报时限。县级人民政府国土资源主管部门接到当地出现特大型、大型地质灾害报告后,应立即迅速上报县级人民政府和省辖市人民政府国土资源主管部门,同时可直接速报省国土资源厅。省国土资源厅接到特大型、大型地质灾害险情和灾情报告后,应迅速如实向省政府和国家国土资源部报告。

县级人民政府国土资源主管部门接到当地出现中、

省国土资源厅组织技术专家开展地质灾害应急调查

小型地质灾害报告后，应及时速报县级人民政府和省辖市人民政府国土资源主管部门，同时可直接速报省国土资源厅。

（3）速报内容要求。灾害速报的内容主要包括地质灾害险情或灾情出现的地点和时间、地质灾害类型、灾害体的规模、可能的引发因素和发展趋势等。对已发生的地质灾害，速报内容还要包括伤亡和失踪的人数以及造成的直接经济损失。

（4）特大型地质灾害隐患速报。对于发现的直接受地质灾害威胁人数超过1 000人或者潜在经济损失超过1亿元的特大型地质灾害隐患点，各县（市）、区国土资源主管部门接报后，要及时将险情和采取的应急防治措施上报市国土资源局及省国土资源厅，并根据地质灾害隐患变化情况，随时做好续报工作。

第四节 汛期地质灾害气象预警预报

6.10 什么是汛期地质灾害气象预警预报?

中央、省、市、县等各级人民政府组织国土资源、气象、广播电视等部门，根据降雨预报信息，结合当地的地质环境条件，预测分析崩塌、滑坡、泥石流等突发性地质灾害发生的可能性，并发布相应预警信息，称为“汛期地质灾害气象预警预报”。汛期地质灾害气象预警预报一般在每年汛期（6~9月份）进行。

6.11 汛期地质灾害气象预警预报分几级?

地质灾害预报标准及预警等级划分见下表：

预报等级	灾害发生可能性	预警级别	预警发布标准
1	可能性很小		不发布
2	可能性较小		不发布
3	可能性较大	注意级	电视、网络发布
4	可能性大	预警级	电视、网络、传真发布
5	可能性很大	警报级	电视、网络、传真、电话发布

6.12 如何了解汛期地质灾害气象预报信息?

汛期地质灾害气象预警预报信息通常在电视、广播、网络等媒体上发布，并通过电话、传真、短信等形式通知有关单位和个人，提前做好防范。中央电视台、河南省电视台一般在晚间黄金时段气象预报节目中播报有关信息，请注意收看。

省国土资源厅与省气象局联合开展地质灾害气象预报

第五节 群测群防

6.13 什么是地质灾害群测群防?

地质灾害群测群防是指地质灾害易发区的县、乡两级人民政府和村（居）民委员会，组织辖区内企事业单位和广大人民群众，在国土资源主管部门和相关专业技术单位的指导下，通过开展宣传培训、建立防灾制度等手段，对崩塌、滑坡、泥石流等突发地质灾害前兆和动态进行调查、巡查和简易监测，实现对灾害的及时发现、快速预警和有效避让的一种主动减灾措施。这是《地质灾害防治条例》明确规定的法定制度，已成为现阶段我国农村地质灾害减灾防灾体系的重要组成部分。

6.14 群测群防网络结构

地质灾害群测群防体系是由县、乡、村三级网络和群测群防点，以及相关信息传输渠道和必要的管理制度所组成。

县级行政区的地质灾害群测群防工作，在县级人民政府和市国土资源局的领导下，由各县国土资源局组织实施；乡级行政区的地质灾害群测群防工作，在乡级人民政府领导下和县国土资源局的指导下，由各乡国土资源所组织实施；行政村地质灾害群测群防工作，由村委会组织广大群众，针对本行政村的具体地质灾害隐患点，实施群测群防工作。

6.15 村级群测群防网络的职责

由村委会主任担任村级地质灾害群测群防网络负责人。其主要职责是：

（1）按照乡（镇）地质灾害群测群防工作方案的要求，组织开展本村地质灾害群测群防工作。

（2）根据隐患点具体情况，安排、管理各隐患点的监测人员；落实临时避灾场地和撤离路线，规定预警信号，准备预警器具；在上级群测群防管理机构指导下，填写避灾“明白卡”，向受威胁村民发放。

（3）按要求作好隐患点的监测、记录和资料上报。对隐患点进行日或周际变换动态的趋势分析，根据变化动态情况，及时调整监测工作，并将调整情况报告上级网络管理机构。

（4）按照上级命令，及时组织群众疏散避灾；经上级主管部门授权，在危急情况下可以直接组织群众避灾自救。

6.16 地质灾害防范“明白卡”

根据已圈定的地质灾害危险点、隐患点，由政府部门填制简易的卡片，统称“明白卡”。将地质灾害的基本信息、诱发因素、危害人员及财产、预警和撤离方式以及政府责任人等，告知乡（镇）长和村委会主任以及受灾害隐患威胁的村民，并向村民详细解释具体地质灾害防治内容。

向地质灾害隐患区群众公布防灾“明白卡”（河南省灵宝市）

【附录】 地质灾害防治条例

（2003年11月24日中华人民共和国国务院令第394号公布，自2004年3月1日起施行）

第一章 总 则

第一条 为了防治地质灾害，避免和减轻地质灾害造成的损失，维护人民生命和财产安全，促进经济和社会的可持续发展，制定本条例。

第二条 本条例所称地质灾害，包括自然因素或者人为活动引发的危害人民生命和财产安全的山体崩塌、滑坡、泥石流、地面塌陷、地裂缝、地面沉降等与地质作用有关的灾害。

第三条 地质灾害防治工作，应当坚持预防为主、避让与治理相结合和全面规划、突出重点的原则。

第四条 地质灾害按照人员伤亡、经济损失的大小，分为四个等级：

（一）特大型：因灾死亡30人以上或者直接经济损失1 000万元以上的；

（二）大型：因灾死亡10人以上30人以下或者直接经济损失500万元以上1 000万元以下的；

（三）中型：因灾死亡3人以上10人以下或者直接经济损失100万元以上500万元以下的；

(四)小型:因灾死亡3人以下或者直接经济损失100万元以下的。

第五条 地质灾害防治工作,应当纳入国民经济和社会发展计划。

因自然因素造成的地质灾害的防治经费,在划分中央和地方事权和财权的基础上,分别列入中央和地方有关人民政府的财政预算。具体办法由国务院财政部门会同国务院国土资源主管部门制定。

因工程建设等人为活动引发的地质灾害的治理费用,按照谁引发、谁治理的原则由责任单位承担。

第六条 县级以上人民政府应当加强对地质灾害防治工作的领导,组织有关部门采取措施,做好地质灾害防治工作。

县级以上人民政府应当组织有关部门开展地质灾害防治知识的宣传教育,增强公众的地质灾害防治意识和自救、互救能力。

第七条 国务院国土资源主管部门负责全国地质灾害防治的组织、协调、指导和监督工作。国务院其他有关部门按照各自的职责负责有关的地质灾害防治工作。

县级以上地方人民政府国土资源主管部门负责本行政区域内地质灾害防治的组织、协调、指导和监督工作。县级以上地方人民政府其他有关部门按照各自的职责负责有关的地质灾害防治工作。

第八条 国家鼓励和支持地质灾害防治科学技术研究,推广先进的地质灾害防治技术,普及地质灾害防治的科学知识。

第九条 任何单位和个人对地质灾害防治工作中的违法行为都有权检举和控告。

在地质灾害防治工作中做出突出贡献的单位和个人，由人民政府给予奖励。

第二章 地质灾害防治规划

第十条 国家实行地质灾害调查制度。

国务院国土资源主管部门会同国务院建设、水利、铁路、交通等部门结合地质环境状况组织开展全国的地质灾害调查。

县级以上地方人民政府国土资源主管部门会同同级建设、水利、交通等部门结合地质环境状况组织开展本行政区域的地质灾害调查。

第十一条 国务院国土资源主管部门会同国务院建设、水利、铁路、交通等部门，依据全国地质灾害调查结果，编制全国地质灾害防治规划，经专家论证后报国务院批准公布。

县级以上地方人民政府国土资源主管部门会同同级建设、水利、交通等部门，依据本行政区域的地质灾害调查结果和上一级地质灾害防治规划，编制本行政区域的地质灾害防治规划，经专家论证后报本级人民政府批准公布，并报上一级人民政府国土资源主管部门备案。

修改地质灾害防治规划，应当报经原批准机关批准。

第十二条 地质灾害防治规划包括以下内容：

（一）地质灾害现状和发展趋势预测；

（二）地质灾害的防治原则和目标；

（三）地质灾害易发区、重点防治区；

（四）地质灾害防治项目；

（五）地质灾害防治措施等。

县级以上人民政府应当将城镇、人口集中居住区、风景名胜区、大中型工矿企业所在地和交通干线、重点水利电力工程等基础设施作为地质灾害重点防治区中的防护重点。

第十三条 编制和实施土地利用总体规划、矿产资源规划以及水利、铁路、交通、能源等重大建设工程项目规划，应当充分考虑地质灾害防治要求，避免和减轻地质灾害造成的损失。

编制城市总体规划、村庄和集镇规划，应当将地质灾害防治规划作为其组成部分。

第三章 地质灾害预防

第十四条 国家建立地质灾害监测网络和预警信息系统。

县级以上人民政府国土资源主管部门应当会同建设、水利、交通等部门加强对地质灾害险情的动态监测。

因工程建设可能引发地质灾害的，建设单位应当加强地质灾害监测。

第十五条 地质灾害易发区的县、乡、村应当加强地质灾害的群测群防工作。在地质灾害重点防范期内，乡镇人民政府、基层群众自治组织应当加强地质灾害险情的巡回检查，发现险情及时处理和报告。

国家鼓励单位和个人提供地质灾害前兆信息。

第十六条 国家保护地质灾害监测设施。任何单位和个人不得侵占、损毁、损坏地质灾害监测设施。

第十七条 国家实行地质灾害预报制度。预报内容主要包括地质灾害可能发生的时间、地点、成灾范围和影响程度等。

地质灾害预报由县级以上人民政府国土资源主管部门会同气象主管机构发布。

任何单位和个人不得擅自向社会发布地质灾害预报。

第十八条 县级以上地方人民政府国土资源主管部门会同同级建设、水利、交通等部门依据地质灾害防治规划，拟订年度地质灾害防治方案，报本级人民政府批准后公布。

年度地质灾害防治方案包括下列内容：

（一）主要灾害点的分布；

（二）地质灾害的威胁对象、范围；

（三）重点防范期；

（四）地质灾害防治措施；

（五）地质灾害的监测、预防责任人。

第十九条 对出现地质灾害前兆、可能造成人员伤亡或者重大财产损失的区域和地段，县级人民政府应当及时划定为地质灾害危险区，予以公告，并在地质灾害危险区的边界设置明显警示标志。

在地质灾害危险区内，禁止爆破、削坡、进行工程建设以及从事其他可能引发地质灾害的活动。

县级以上人民政府应当组织有关部门及时采取工程治理或者搬迁避让措施，保证地质灾害危险区内居民的生命和财产安全。

第二十条 地质灾害险情已经消除或者得到有效控制的，县级人民政府应当及时撤销原划定的地质灾害危险区，并予以公告。

第二十一条 在地质灾害易发区内进行工程建设应当在可行性研究阶段进行地质灾害危险性评估，并将评估结果作为可行性研究报告的组成部分；可行性研究报告未包含地质灾害危险性评估结果的，不得批准其可行性研究报告。

编制地质灾害易发区内的城市总体规划、村庄和集镇规划时，应当对规划区进行地质灾害危险性评估。

第二十二条 国家对从事地质灾害危险性评估的单位实行资质管理制度。地质灾害危险性评估单位应当具备下列条件，经省级以上人民政府国土资源主管部门资质审查合格，取得国土资源主管部门颁发的相应等级的资质证书后，方可在资质等级许可的范围内从事地质灾害危险性评估业务：

（一）有独立的法人资格；

（二）有一定数量的工程地质、环境地质和岩土工程等相应专业的技术人员；

（三）有相应的技术装备。

地质灾害危险性评估单位进行评估时，应当对建设工程遭受地质灾害危害的可能性和该工程建设中、建成后引发地质灾害的可能性做出评价，提出具体的预防治理措施，并对评估结果负责。

第二十三条 禁止地质灾害危险性评估单位超越其资质等级许可的范围或者以其他地质灾害危险性评估单位的名义承揽地质灾害危险性评估业务。

禁止地质灾害危险性评估单位允许其他单位以本单位的名义承揽地质灾害危险性评估业务。

禁止任何单位和个人伪造、变造、买卖地质灾害危险性评估资质证书。

第二十四条 对经评估认为可能引发地质灾害或者可能遭受地质灾害危害的建设工程，应当配套建设地质灾害治理工程。地质灾害治理工程的设计、施工和验收应当与主体工程的设计、施工、验收同时进行。

配套的地质灾害治理工程未经验收或者经验收不合格的，主体工程不得投入生产或者使用。

第四章 地质灾害应急

第二十五条 国务院国土资源主管部门会同国务院建设、水利、铁路、交通等部门拟订全国突发性地质灾害应急预案，报国务院批准后公布。

县级以上地方人民政府国土资源主管部门会同同级建设、水利、交通等部门拟订本行政区域的突发性地质灾害应急预案，报本级人民政府批准后公布。

第二十六条 突发性地质灾害应急预案包括下列内容：

（一）应急机构和有关部门的职责分工；

（二）抢险救援人员的组织和应急、救助装备、资金、物资的准备；

（三）地质灾害的等级与影响分析准备；

（四）地质灾害调查、报告和处理程序；

（五）发生地质灾害时的预警信号、应急通信保障；

（六）人员财产撤离、转移路线、医疗救治、疾病控制等应急行动方案。

第二十七条 发生特大型或者大型地质灾害时，有关省、自治区、直辖市人民政府应当成立地质灾害抢险救灾指挥机构。必要时，国务院可以成立地质灾害抢险救灾指挥机构。

发生其他地质灾害或者出现地质灾害险情时，有关市、县人民政府可以根据地质灾害抢险救灾工作的需要，成立地质灾害抢险救灾指挥机构。

地质灾害抢险救灾指挥机构由政府领导负责、有关部门组成，在本级人民政府的领导下，统一指挥和组织地质灾害的抢险救灾工作。

第二十八条 发现地质灾害险情或者灾情的单位和个人，应当立即向当地人民政府或者国土资源主管部门报告。其他部门或者基层群众自治组织接到报告的，应当立即转报当地人民政府。

当地人民政府或者县级人民政府国土资源主管部门

接到报告后，应当立即派人赶赴现场，进行现场调查，采取有效措施，防止灾害发生或者灾情扩大，并按照国务院国土资源主管部门关于地质灾害灾情分级报告的规定，向上级人民政府和国土资源主管部门报告。

第二十九条 接到地质灾害险情报告的当地人民政府、基层群众自治组织应当根据实际情况，及时动员受到地质灾害威胁的居民以及其他人员转移到安全地带；情况紧急时，可以强行组织避灾疏散。

第三十条 地质灾害发生后，县级以上人民政府应当启动并组织实施相应的突发性地质灾害应急预案。有关地方人民政府应当及时将灾情及其发展趋势等信息报告上级人民政府。

禁止隐瞒、谎报或者授意他人隐瞒、谎报地质灾害灾情。

第三十一条 县级以上人民政府有关部门应当按照突发性地质灾害应急预案的分工，做好相应的应急工作。

国土资源主管部门应当会同同级建设、水利、交通等部门尽快查明地质灾害发生原因、影响范围等情况，提出应急治理措施，减轻和控制地质灾害灾情。

民政、卫生、食品药品监督管理、商务、公安部门，应当及时设置避难场所和救济物资供应点，妥善安排灾民生活，做好医疗救护、卫生防疫、药品供应、社会治安工作；气象主管机构应当做好气象服务保障工作；通信、航空、铁路、交通部门应当保证地质灾害应急的通信畅通和救灾物资、设备、药物、食品的运送。

第三十二条 根据地质灾害应急处理的需要，县级以上人民政府应当紧急调集人员，调用物资、交通工具和相关的设施、设备；必要时，可以根据需要在抢险救灾区域范围内采取交通管制等措施。

因救灾需要，临时调用单位和个人的物资、设施、设备或者占用其房屋、土地的，事后应当及时归还；无法归还或者造成损失的，应当给予相应的补偿。

第三十三条 县级以上地方人民政府应当根据地质灾害灾情和地质灾害防治需要，统筹规划、安排受灾地区的重建工作。

第五章 地质灾害治理

第三十四条 因自然因素造成的特大型地质灾害，确需治理的，由国务院国土资源主管部门会同灾害发生地的省、自治区、直辖市人民政府组织治理。

因自然因素造成的其他地质灾害，确需治理的，在县级以上地方人民政府的领导下，由本级人民政府国土资源主管部门组织治理。

因自然因素造成的跨行政区域的地质灾害，确需治理的，由所跨行政区域的地方人民政府国土资源主管部门共同组织治理。

第三十五条 因工程建设等人为活动引发的地质灾害，由责任单位承担治理责任。

责任单位由地质灾害发生地的县级以上人民政府国土资源主管部门负责组织专家对地质灾害的成因进行分

析论证后认定。

对地质灾害的治理责任认定结果有异议的，可以依法申请行政复议或者提起行政诉讼。

第三十六条 地质灾害治理工程的确定，应当与地质灾害形成的原因、规模以及对人民生命和财产安全的危害程度相适应。

承担专项地质灾害治理工程勘查、设计、施工和监理的单位，应当具备下列条件，经省级以上人民政府国土资源主管部门资质审查合格，取得国土资源主管部门颁发的相应等级的资质证书后，方可在资质等级许可的范围内从事地质灾害治理工程的勘查、设计、施工和监理活动，并承担相应的责任：

（一）有独立的法人资格；

（二）有一定数量的水文地质、环境地质、工程地质等相应专业的技术人员；

（三）有相应的技术装备；

（四）有完善的工程质量管理制度。

地质灾害治理工程的勘查、设计、施工和监理应当符合国家有关标准和技术规范。

第三十七条 禁止地质灾害治理工程勘查、设计、施工和监理单位超越其资质等级许可的范围或者以其他地质灾害治理工程勘查、设计、施工和监理单位的名义承揽地质灾害治理工程勘查、设计、施工和监理业务。

禁止地质灾害治理工程勘查、设计、施工和监理单位允许其他单位以本单位的名义承揽地质灾害治理工程勘查、设计、施工和监理业务。

禁止任何单位和个人伪造、变造、买卖地质灾害治理工程勘查、设计、施工和监理资质证书。

第三十八条 政府投资的地质灾害治理工程竣工后，由县级以上人民政府国土资源主管部门组织竣工验收。其他地质灾害治理工程竣工后，由责任单位组织竣工验收；竣工验收时，应当有国土资源主管部门参加。

第三十九条 政府投资的地质灾害治理工程经竣工验收合格后，由县级以上人民政府国土资源主管部门指定的单位负责管理和维护；其他地质灾害治理工程经竣工验收合格后，由负责治理的责任单位负责管理和维护。

任何单位和个人不得侵占、损毁、损坏地质灾害治理工程设施。

第六章 法律责任

第四十条 违反本条例规定，有关县级以上地方人民政府、国土资源主管部门和其他有关部门有下列行为之一的，对直接负责的主管人员和其他直接责任人员，依法给予降级或者撤职的行政处分；造成地质灾害导致人员伤亡和重大财产损失的，依法给予开除的行政处分；构成犯罪的，依法追究刑事责任：

（一）未按照规定编制突发性地质灾害应急预案，或者未按照突发性地质灾害应急预案的要求采取有关措施、履行有关义务的；

（二）在编制地质灾害易发区内的城市总体规划、村庄和集镇规划时，未按照规定对规划区进行地质灾害危险性评估的；

（三）批准未包含地质灾害危险性评估结果的可行性研究报告的；

（四）隐瞒、谎报或者授意他人隐瞒、谎报地质灾害灾情，或者擅自发布地质灾害预报的；

（五）给不符合条件的单位颁发地质灾害危险性评估资质证书或者地质灾害治理工程勘查、设计、施工、监理资质证书的；

（六）在地质灾害防治工作中有其他渎职行为的。

第四十一条 违反本条例规定，建设单位有下列行为之一的，由县级以上地方人民政府国土资源主管部门责令限期改正；逾期不改正的，责令停止生产、施工或者使用，处10万元以上50万元以下的罚款；构成犯罪的，依法追究刑事责任：

（一）未按照规定对地质灾害易发区内的建设工程进行地质灾害危险性评估的；

（二）配套的地质灾害治理工程未经验收或者经验收不合格，主体工程即投入生产或者使用的。

第四十二条 违反本条例规定，对工程建设等人为活动引发的地质灾害不予治理的，由县级以上人民政府国土资源主管部门责令限期治理；逾期不治理或者治理不符合要求的，由责令限期治理的国土资源主管部门组织治理，所需费用由责任单位承担，处10万元以上50万元以下的罚款；给他人造成损失的，依法承担赔偿责任。

第四十三条 违反本条例规定，在地质灾害危险区内爆破、削坡、进行工程建设以及从事其他可能引发地质灾害活动的，由县级以上地方人民政府国土资源主管部门责令停止违法行为，对单位处5万元以上20万元以下的罚款，对个人处1万元以上5万元以下的罚款；构成犯罪的，依法追究刑事责任；给他人造成损失的，依法承担赔偿责任。

第四十四条 违反本条例规定，有下列行为之一的，由县级以上人民政府国土资源主管部门或者其他部门依据职责责令停止违法行为，对地质灾害危险性评估单位、地质灾害治理工程勘查、设计或者监理单位处合同约定的评估费、勘查费、设计费或者监理酬金1倍以上2倍以下的罚款，对地质灾害治理工程施工单位处工程价款2%以上4%以下的罚款，并可以责令停业整顿，降低资质等级；有违法所得的，没收违法所得；情节严重的，吊销其资质证书；构成犯罪的，依法追究刑事责任；给他人造成损失的，依法承担赔偿责任：

（一）在地质灾害危险性评估中弄虚作假或者故意隐瞒地质灾害真实情况的；

（二）在地质灾害治理工程勘查、设计、施工以及监理活动中弄虚作假、降低工程质量的；

（三）无资质证书或者超越其资质等级许可的范围承揽地质灾害危险性评估、地质灾害治理工程勘查、设计、施工及监理业务的；

（四）以其他单位的名义或者允许其他单位以本单位的名义承揽地质灾害危险性评估、地质灾害治理工程勘查、设计、施工和监理业务的。

第四十五条 违反本条例规定，伪造、变造、买卖地质灾害危险性评估资质证书、地质灾害治理工程勘查、设计、施工和监理资质证书的，由省级以上人民政府国土资源主管部门收缴或者吊销其资质证书，没收违法所得，并处5万元以上10万元以下的罚款；构成犯罪的，依法追究刑事责任。

第四十六条 违反本条例规定，侵占、损毁、损坏地质灾害监测设施或者地质灾害治理工程设施的，由县级以上地方人民政府国土资源主管部门责令停止违法行为，限期恢复原状或者采取补救措施，可以处5万元以下的罚款；构成犯罪的，依法追究刑事责任。

第七章 附 则

第四十七条 在地质灾害防治工作中形成的地质资料，应当按照《地质资料管理条例》的规定汇交。

第四十八条 地震灾害的防御和减轻依照防震减灾的法律、行政法规的规定执行。

防洪法律、行政法规对洪水引发的崩塌、滑坡、泥石流的防治有规定的，从其规定。

第四十九条 本条例自2004年3月1日起施行。